Valentina Di Gregori
Mariapaola Landini

Serão as Corynebacteria novos agentes patogénicos emergentes?

AF671198

Valentina Di Gregori
Mariapaola Landini

Serão as Corynebacteria novos agentes patogénicos emergentes?

Uma análise retrospetiva

ScienciaScripts

Imprint

Cover image: www.ingimage.com

This book is a translation from the original published under ISBN 978-3-659-80415-1.

Publisher:
Sciencia Scripts
is a trademark of
Dodo Books Indian Ocean Ltd. and OmniScriptum S.R.L publishing group

120 High Road, East Finchley, London, N2 9ED, United Kingdom
Str. Armeneasca 28/1, office 1, Chisinau MD-2012, Republic of Moldova, Europe
Printed at: see last page
ISBN: 978-620-8-06865-3

Índice

Gostaria de agradecer a toda a Unidade de Microbiologia e a todos os Instituto de Higiene da Universidade de Bolonha, tornou-se uma segunda casa nestes últimos anos.

Nomeadamente,

Gostaria de mencionar a amizade e a humanidade de dois cientistas que trabalham comigo, para mim e em conjunto comigo:

A Professora Mariapaola Landini e a Professora Mariacarla Re - que me ensinaram a ser, ao mesmo tempo, professores adoráveis e pensadores mais fortes.

Capítulo 1. Introdução

I. Corynebacterium Diphteriae

Desde a década de 1970, *as corinebactérias* foram estudadas como uma classe de microrganismos que despertou o interesse dos cientistas devido aos surtos e epidemias anteriores registados em toda a Europa e no mundo. Na verdade, o microrganismo foi investigado e designado pelo cientista Loeffler em 1884 (VonBesser L., 1889), que também designou o ágar sólido mais adequado que agora utilizamos para o fazer crescer seletivamente. *O Corynebacterium Striatum* foi nomeado posteriormente, em 1901 por Chester e em 1918 por Eberson, embora apresentem diferenças importantes na sua descrição (Coyle M.B., 1993). A história das epidemias de difteria foi discutida por historiadores como tendo começado na passagem do Velho Mundo para o Novo Mundo (1500-1700) com as primeiras descrições de outras doenças infantis que eram frequentemente relatadas em padres e cartilhas de priores durante a visita dos peregrinos (Morabia, A.et al., 2011).

Muitas epidemias ocorreram a partir de 1900 na Europa e em Itália, mas a mais importante foi registada em 1992 na Rússia, começou no Centro-Oeste da Europa e espalhou-se maciçamente por todo o continente asiático (La Placa M., 2014). No final da década de 1970, foram descritos na Jordânia surtos difusos de infecções por *C. diphteria* (o último em 1977) em crianças não imunizadas, que contaram 35 pacientes (2 morreram). Por conseguinte, a decisão final foi a de adotar uma campanha de vacinação em massa (Khuri-Bulos N., 2000).

A epidemia italiana de 1925 levou a uma intervenção inicial de prevenção que foi concluída durante a Segunda Guerra Mundial com uma campanha de vacinação, em 1939, dirigida a todo o país (Tafuri S., 2011). A adesão e o cumprimento eram mais baixos do que atualmente, mas na década de 1960, e após o recomeço da guerra mundial, a cobertura aumentou progressivamente para níveis mais elevados na década de 1990, em cerca de 97-98%. As coberturas efectivas não estão completas devido ao número crescente de movimentos de pais críticos e às dificuldades em chegar às populações desfavorecidas e religiosas.

Embora a primeira injeção de vacina tenha sido administrada na Alemanha, hoje em dia a vacinação é comercializada em muitas especialidades diferentes, mas continua a ser dirigida a duas das estirpes mais importantes *de C.diphtheria* (A e B), que são principalmente prevalecentes no ambiente e na difusão de contactos humanos (fontes da OMS, último acesso em 18/04/2015). Esta tecnologia farmacêutica levou a uma importante diminuição da seroprevalência da *Corynebacterium diphtheriae* em todo o mundo, devido a coberturas mais elevadas nos recém-nascidos dos países asiáticos, como 99% na Índia em 2013, 91% no Bangladesh em 2013 e 98% na Arábia Saudita nos últimos anos. No entanto, os países africanos ainda se encontram entre os países menos protegidos devido à escassa adesão e adoção do sistema de saúde à campanha de vacinação em massa (Guiné Equatorial 47%, República Centro-Africana 44% e Nigéria 72%) e ao impossível alcance de certas áreas às acções voluntárias de saúde (fontes da OMS, último acesso em 18/04/2015).

As vacinas contra a difteria comercializadas nos EUA são de 5 tipos e estão todas direcionadas para as estirpes principais (A, B), como a INFARIX e a PENTAVAC (CDC - Center of Control and Prevention of Diseases, 2015). Em Itália, a difusão da vacinação foi iniciada após a Segunda Guerra Mundial e, até agora, tem vindo a ser melhorada a partir do Comité Nacional de Vacinação para uma cobertura de vacinação em massa em todo o país (Ministero della Salute Italiana. Plano Nacional 2005-2007, Plano Nacional 2010 - 2012, Plano Nacional 2012 - 2014). No que diz respeito à Emília-Romanha, a decisão de adotar a campanha de vacinação em massa começou com o resto do país em 1939. Após um curto período, a tosse convulsa, que foi uma das primeiras vacinas descobertas, foi acrescentada à componente anterior. Finalmente, a população pressionou para que fosse administrada uma única injeção aos seus filhos, o que era menos doloroso e mais aceite. Nos últimos anos, as indústrias acrescentaram um sétimo epítopo à solução que cobre o Haemophilus (Infarix) (Bartolozzi G., 2005). Esta campanha atingiu uma das coberturas mais elevadas da região, 99%, com muito poucos casos de insucesso. A eficácia da vacina *contra a difteria C.*, embora seja uma das mais testadas e confirmadas, não atingiu o limite de 95%.

Neste raciocínio experimental sobre a suscetibilidade das células, é relatada uma investigação interessante sobre a oportunidade de ter um risco mais elevado de contrair uma infeção não diftérica quando já imunizado (Bergamini M. Et al., 2000; Meera M., 2014). Além disso, *as Corynebacteria diphtheria* não toxigénicas são reconhecidas como uma causa de relatos de casos recolhidos. (Fitzgerald RP. Et al., 2014, Zasada AA. , 2013)

Na história do desenvolvimento da vacina, alguns conhecimentos prévios influenciaram a sua própria descoberta, que conduziu suavemente à derrota quase completa das epidemias de difteria em toda a Itália e na Europa. A invenção da toxina fundida e da anatoxina foi um dos primeiros pilares da vacina contra a difteria. Em 1913, Schick estudou e discutiu os seus métodos de diagnóstico, que ajudaram a isolar o microrganismo e a pensar na vacina específica, criada por Ramon em 1923. Passados cerca de 20 anos, foi introduzida nas vacinas a anatoxina tetânica e, finalmente, os componentes celulares da tosse convulsa (DTP). O tipo acelular é uma prerrogativa da descoberta da investigação na década de 1990. Além disso, à vacina inicial foram adicionados outros componentes dirigidos a outros antigénios, como a hepatite B, o Heamophilus B e a poliomielite, dando origem a três formas comerciais diferentes. Atualmente, as fórmulas mais promovidas são: INFARIX (DTPa, Glaxo Smith Kline) composta por 30UI de anatoxina diftérica, 40UI de anatoxina tetânica, 25 microgr de anatoxina pertussis e muitos componentes derivados para a conservação; TETRAVAC (Aventis Pasteur) composto por 30 UI de anatoxina da difteria, 40 UI de anatoxina do tétano, 25 microgr de anatoxina da tosse convulsa, 32 U de poliovírus inactivado de tipo 1,2,3 e conservantes; INFANRIX HEPB (Glaxo Smith Kline), composto por 30 UI de anatoxina da difteria, 40 UI de anatoxina do tétano, 25 microgr de anatoxina da tosse convulsa, 10 microgr de HbsAg purificado e conservantes; PENTAVAC (Aventis Pasteur) composto por 30 UI de anatoxina da difteria, 40 UI de anatoxina do tétano, 25 microgr de anatoxina da tosse convulsa, 40 UI de poliovírus inactivado e conservantes; INFARIX PENTA (Glaxo Smith Kline), composto por 30 UI de anatoxina diftérica, 40 UI de anatoxina tetânica, 25 microgr de anatoxina tosse convulsa, 10 microgr de antigénio de superfície recombinante da hepatite B e poliovírus inactivado de tipo 1,2,3; HEXAVAC (Aventis Pasteur MSD), composto por 20 UI de anatoxina da difteria, 40 UI de anatoxina do tétano, 25 microgr de anatoxina da tosse convulsa, poliovírus inactivado de tipo 1,2,3, 10 microgr de antigénio de superfície do vírus da hepatite B, 12 microgr de polissacárido de Haemophilus influenzae tipo B conjugado com 24 microgr de anatoxina tetânica mais conservantes e, por último, INFARIX HEXA (Glaxo Smith Kline) 30 UI de anatoxina diftérica, 40 UI de anatoxina do tétano, 25 microgr de anatoxina da tosse convulsa, 10 microgr de antigénio recombinante de superfície da hepatite B, 40,8,32 UD de poliovírus inactivado tipo 1,2,3, 10 microgr de polissacarídeo PRP haemophilus influenza tipo b conjugado com 30 microgr de toxoide do tétano e conservantes (Bartolozzi G., 2005).

Todo o mercado da vacinação orientou a população para uma abordagem muito diferente em relação a ela, criando oposição e desconfiança, descrença e desconfiança (Ozawa S, 2013). Toda esta desconfiança resulta de uma maior atenção aos acontecimentos adversos e da mudança de doenças alérgicas para casos de doenças auto-imunes. Muitos sintomas respiratórios resultam de reacções de hipersensibilidade a antigénios que não podem ser evitadas devido à melhoria do progresso químico na sociedade. Hoje em dia, as questões ambientais estão a influenciar a mudança da emergência das doenças infecciosas para o fardo das doenças crónicas (Laden F., 2012).

II. Não Diphteria Corynebacteria

Como vimos anteriormente, as Corynebacteriae estão divididas em três grandes grupos: Diphtheriae, Non Diphtheriae e espécies de Coryneformes (Turicella, Oerskovia, Brevibacterum, Arcanobacteria). Tanto as estirpes diftéricas como as não diftéricas dividem-se em toxigénicas e não toxigénicas. A produção de toxina está ligada à presença da enzima lisogénica Beta fago, que pode ser corada com azul de metileno; quando demonstrada com o método de Gins Albert, a sua presença nas extremidades é evidenciada por grãos metacromáticos. A produção da toxina é determinada pelo gene TOX que pode ser bloqueado na sua transcrição. Esta toxina tem um volume de 62000 dalton e pode ser activada pela separação da molécula em dois polipeptídeos A e B ou pela deleção da ligação da proteína líder à sequência principal (Gorbach SL. , 2003).

O processo de ativação segue uma distribuição cronológica ao longo da região para o recetor, um recetor para a translocação na subunidade B e uma região catalítica. Estes receptores são dedicados às células hospedeiras que activam a unidade de translocação, inserindo a unidade de toxina na membrana do endossoma e estimulando as actividades catalíticas no seu interior.

As Corynebacteria non Diphteria foram finalmente descritas, após uma discussão sistemática sobre bacteriologia, e definidas na sétima edição do manual de Bergey (Breed R.S., Murray E.G.D. e Smith N.R. , 1957; Collins M.D. e Cummins C.S., 1986). São bactérias não formadoras de esporos, aero/anaeróbios facultativos, não resistentes a ácidos, catalase positivas, não móveis, altamente guanosina/citosina positivas. Na membrana existem diferentes ácidos que constituem a sua capacidade de deformação e transformação, especialmente representados pelo ácido meso diaminepimélico (Esteban J et al, 2003).

A taxonomia inclui mais de 40 espécies que, na sua maioria, não eram reconhecidas desde o início de 1900, quando *a Corynebacterium Diphtheria* foi descoberta. Segue-se uma lista de Corynebacteria comummente encontradas na literatura:

1. difteriae
2. jeikeium
3. urealyticum
4. amicolato

5. glucuronolítico
6. proprinquum
7. macginley
8. minutissimum
9. pseudodiphtericum
10. pseudotubercolose
11. estriado
12. ulcerosa
13. aquático
14. sphenisci
15. sputi
16. estações
17. suicídios
18. sundvallense
19. terpenotabidum
20. testudinoris
21. termoaminogénios
22. thomssenii
23. timonense
24. tubercolostearicum
25. tuscaniense
26. ulceribovírus
27. uterequi
28. variável
29. vitaeruminis
30. xerose
31. accolens
32. acetoacidófilo
33. alcanolítico
34. amoníacos
35. apêndices
36. aquatimcns
37. aquilae

38. argentoratense
39. atipicum
40. aurimucosum
41. auris
42. auriscanis
43. bovinos
44. callunae
45. camporealensis
46. canis
47. capovite
48. casei
49. cáspio
50. cervicis
51. ciconiae
52. confuso
53. coylae
54. crenatum
55. cyclohexanicum e muitos outros menores

Relativamente à maioria dos subtipos, apenas estão documentados relatos de casos. As manifestações clínicas estão geralmente associadas a um início de septicemia, mas são descritos diferentes aspectos cardiológicos, neurológicos e cardiovasculares. (Dalal A., 2008) Para todas as manifestações de espécies clinicamente relevantes, ver Bernard K. (Bernard K.,et al, 2012)

III. Modificações patogénicas da atividade de Corynebacterium no organismo humano

Devido à sua toxina, o subtipo *Corynebacteria diphtheriae*, provoca um bloqueio da síntese proteica em todos os sistemas orgânicos, causando danos na regeneração do músculo. O recetor da toxina é o fator de crescimento epidérmico que se liga à Eparina e interfere com a formação de NAD envolvida na geração de energia para o músculo. O fragmento B liga-se à membrana celular e induz a entrada do fragmento A nas células. Esta molécula é o agonista no bloqueio da formação de proteínas através do aumento da fosfolipase D, o que provoca o desprendimento da transferência de NAD. Bloqueia a indução do fator de alongamento EF2 através da ribosilação ADP. Isto inibe lentamente a síntese proteica. Entre os sintomas clínicos comuns, são bem conhecidas as consequências musculares, como a degeneração muscular devido ao aumento de lípidos nas fibras com neoformação hialina, e áreas esparsas de edema e infiltração mononuclear. Raramente, nos nervos, é relatada desmielinização e descrita síndrome clínica de insuficiência renal por necrose tubular. (Microbiologia, EDISES)

Quando a difteria se fixa nos tecidos respiratórios, observam-se sintomas clínicos como respiração curta, tosse e pseudomembrana branca na faringite. Esta é uma manifestação comum, confirmada em muitos aspectos clínicos não diftéricos. Tal como para o *C.Diphtheriae,* para o *C.Striatum* as infecções respiratórias estão documentadas num artigo espanhol com um tempo de permanência no hospital semelhante. (Tempo médio de permanência = 63,5) (Renom F. Et al, 2014) A infeção de nódulos multipolmunares está relacionada com *Corynebacterium Striatum* num doente imunocompetente, como em Severo et al. (Severo CB. Et al, 2014). Alguns casos de difteria cutânea foram encontrados na literatura. Dois casos de difteria cutânea causada por *Corynebacterium ulcerans* associada ao contacto com suínos em profissionais é relatado em Berger A., 2013. (Berger A.Et al, 2013) A evidência de que existe contacto inter-animal e humano foi comprovada em quatro artigos em que a estirpe foi isolada de animais e do homem. (Lartigue MF. Et al, 2005, Hogg RA. Et al 2009, Berger A.Et al 2011, Schuhegger R.Et al, 2009)

IV. Aspectos microbiológicos: Colheita e identificação

a. Cultura

A Corynebacterium Diphtheria e algumas das estirpes não Diphteriae são normalmente detectadas através de uma série de métodos que ajudam o Investigador Principal a definir a espécie do microrganismo. Começando por um teste morfológico, o melhor a fazer é utilizar uma diluição simples no tecido respiratório fixado e verificar se as colónias crescem em paliçadas ou colunas e com o aspeto típico de "jeroglifites chineses" quando combinadas aos pares. As amostras recolhidas podem ser tanto amostras respiratórias como hemoculturas e diferentes tipos de esfregaços (feridas cirúrgicas, úlceras e esfregaços cutâneos). A coloração de Gram pode ser suficiente para uma diferenciação inicial em bacilos Gram positivos. Outro procedimento de coloração relevante pode ser o de Gins Albert, que aumenta o efeito do reagente nos grânulos metacromáticos onde a toxina está situada. Isto implica uma coloração verde nos grânulos quando se utiliza o azul de metileno.

O passo seguinte poderia ser a identificação microscópica utilizando os soros auto-imunes conjugados com fluoresceína em testes in vivo e in vitro.

b. Identificação

Quando possível e as colónias estão vivas e não contaminadas, é utilizada a técnica Vitek2 (Biomerieux) para fazer uma distinção metabólica e biomolecular entre as espécies. No entanto, os subtipos ainda não foram identificados. Este procedimento tem um poder de identificação semelhante ao da nova espetrometria de massa de proteínas (MALDI-TOF), mas permite obter mais conhecimentos sobre o comportamento bioquímico do microrganismo, detectando também amostras não identificadas que não foram incluídas em espécies já conhecidas. O operador deve recolher mais colónias em cultura e diluí-las em 2 ml de água com cloreto de sódio. A solução deve ser visionada e testada para uma turvação de 2,7-3,3 McFarland. Os inóculos serão colocados na ranhura do Vitek 2 com o cartão ANC (REF21347.Biomerieux Inc.USA) e registados na base de dados da máquina Vitek2 com um nome, código de identificação e tipo de microrganismo, se necessário. Para além da diferenciação da coloração de Gram, o operador pode distinguir diferentes géneros e espécies, forma e conformidade com o oxigénio. Após 6 horas de incubação, o Vitek2 escreve uma interpretação provável (definida com uma percentagem de fiabilidade) sobre as espécies introduzidas em cada frasco. A identificação pode ser comparada com MALDI-TOF noutras identificações, por exemplo, para bactérias anaeróbias, como em Li, 2014. (Li Y. Et al , 2014

Outro nível de especificidade no diagnóstico é considerado a identificação por espetrometria de massa MALDI-TOF descrita inicialmente em 1975 por Anhalt e Fenselau. (Anhalt JP., 1975) A amostra deve ser submetida à inoculação em placas de cultura de ágar e, em seguida, a uma mistura com uma matriz absorvente de UV. Sempre que possível, o material utilizado deve ser conservado durante a noite e analisado quando ainda estiver vivo. A amostra seca deve ser colocada nas placas-alvo de aço e pré-tratada com etanol, seguida de extração de proteínas com ácido fórmico e acetonitrilo. Este tratamento é importante para inativar a corinebactéria e preparar os biomarcadores a rastrear. Os impulsos de laser transferem energia para a amostra, o que produz moléculas de analito não voláteis. As moléculas ionizadas são atingidas por potenciais que induzem a sua migração no tubo, determinando diferentes pesos de biomarcadores. (Murray PR et al, 2013)

Por fim, o diagnóstico também pode ser efectuado com uma nova PCR em tempo real, que fornece mais pormenores sobre a presença do gene da toxina. (Schuhegger R. Et al 2008)

V.Não difteria Não toxigénica Corynebacteria e a sua capacidade de se tornar toxigénica

Por diferenciação do grupo anterior de Corynebacteria, esta classe tem uma formação diferente de proteínas de membrana que nos levou a uma categorização em não difteria não toxigénica. Não criam uma reação de toxemia quando introduzidas num organismo. Entre estes microrganismos, os mais prevalentes são *Corynebacterium striatum, Corynebacterium ulcerans, Corynebacterium jeikeium, Corynebacterium urealyticum, Corynebacterium glucuronolyticus, Corynebacterium pseudodyphtericum.*

Num artigo da Índia, o principal objetivo do estudo era compreender a variação na apresentação clínica da doença causada por *Corynebacterium diphtheriae* e non *diphteriae.* Neste último caso, a apresentação clínica é mais ligeira e com uma albuminúria fraca. Quando positivas, estas amostras são normalmente recolhidas em doentes já imunizados. O tempo de internamento desde a admissão é de quase 10 dias para a NCOD. A endocardite foi detectada apenas em 16% dos doentes registados.

Por exemplo, em Meera M. (2014), foram descritas as prevalências em diferentes manifestações para causas não diftéricas: em 61950 doentes admitidos, apenas 115 foram detectados como *Corynebacteria non diphtheriae* na apresentação clínica, quando o diagnóstico laboratorial confirmado foi encontrado em 104 amostras. Estes dados referem-se ao período de 2008 a 2012, salientando um problema persistente de diagnóstico na utilização dos melhores métodos para detetar estas estirpes diferentes e raras, bem como *Coryneformes* invulgares. (Meera M. Et al., 2014)

Neste documento não foram apresentadas provas de aumento entre os anos.

Outra caraterística das *Corynebacterium não diftéricas não toxigénicas* é que podem, no entanto, mostrar a presença do gene da toxina, mesmo que não sejam transcritas, embora sejam negativas ao teste de Elek. Alguns destes subtipos são designados NTTB (estirpes não-toxigénicas portadoras de genes de toxina) e incluem *a Corynebacterium ulcerans*. Isto significa que, com algum tipo de conjugação e mecanismos de resistência, podem tornar-se estirpes toxigénicas devido à expressão do gene da toxina. (Lucenko I., Savrasova L. Et al.,) Algumas caraterísticas de rybotyping estão associadas a variantes não-toxigénicas, como Cluj, Moskva e Roménia para *Corynebacterium Diphtheriae.* (Wagner KS et al., 2011)

O Corynebacterium jeikeium tem um efeito patológico comprovado que lhe conferiu, juntamente com o *C.ulcerans*, um lugar relevante no espetro de *Coryneformes*. *As espécies de Corynebacterium* podem ser classificadas em grupos linfófilos e não linfófilos. *O C. Jeikeium* faz parte do primeiro grupo, dependendo da positividade de uma estimulação do crescimento baseada no metabolismo dos lípidos. *O C. Jeikeium* está normalmente associado a endocardite bacteriana após insuficiência cardíaca e infecções valvulares, especialmente em doentes imunocomprometidos e com hemodiálise. Não só algumas peritonites de diálise peritoneal estão associadas a este infetante. (Chao C.T. et al., 2013)

Capítulo 2. Análise Retrospetiva

I. Objetivo

A análise da investigação foi efectuada durante o período 2013-2014. O caso de morte de um bebé que foi detectado pelo grupo do Dr. XX (Laboratório de Virologia, Unidade de Microbiologia, Hospital Sant'Orsola Malpighi, Universidade de Bolonha) solicitou a observação e foi detectado um diagnóstico de espécies de corynebacterium, feito no seu líquido placentário. A questão de investigação sobre a possível contaminação por Corynebacterium e a presença de um surto foi então investigada em registos clínicos (2013-2014) associados a amostras microbiológicas (2013 - 2014). Os objectivos da dissertação de investigação foram definidos como:

1) número total de isolamentos de *Corynebacteria Non Diphtheriae* na província de Bolonha durante os anos de 2013 e 2014 e prevalências de espécies;

2) número de isolamentos de *Corynebacteria Non Diphtheriae* no Hospital Sant'Orsola Malpighi: prevalência de espécies e distribuição de material bio-espécime;

3) A distribuição de *Corynebacteria Non Diphteriae* nas diferentes Unidades do Hospital e a sua associação com diferentes espécies;

4) Tendências mensais;

5) A taxa de incidência e o rácio de risco entre os dois anos examinados;

6) A sensibilidade aos antibióticos e a adesão dos médicos.

II. Métodos

As análises foram efectuadas numa população derivada de amostras enviadas para o Laboratório de Bacteriologia, Unidade de Microbiologia, Sant'Orsola Malpighi, entre 2013 e 2014. Foram colhidas amostras de sangue periférico em três amostras. Para serem isoladas e identificadas para diagnóstico, as amostras de sangue devem ser positivas em pelo menos duas amostras. Este procedimento é considerado positivo quando as amostras são processadas pelo BD BACTEC FX. Na sequência do resultado positivo do BACTEC FX, o técnico isola-o em diferentes ágares (2 ágar-sangue e 1 ágar azida, ágar Herellea, ágar MSA) e Cand-Chr. Quando em ágar-sangue, as colónias aparecem brancas a cinzentas, pequenas a médias (mitis, intermediárias para não difteriae), esparsas ou coliquadas, e o cheiro é penetrante, adocicado como marmelada de laranja. É necessário um exame de inspeção adicional para identificar se se trata de Corynebacterium ou de um tipo diferente de Streptococcus. Em seguida, a identificação microscópica pode ajudar a observar a forma, as dimensões e os padrões nos vidros, discriminando os fungos (ver Fig. 1, Fig. 2). Esta atividade pode fornecer informações sobre como configurar o instrumento MALDI TOF relativamente ao tempo de incubação, culturas mistas e quantidade limite. Quando o microrganismo é definitivamente descrito como um bacilo gram positivo, a amostra deve ser incluída nas análises MALDI TOF. Neste momento, sempre que ocorra uma incerteza de diagnóstico, o microbiologista pode determinar a espécie e a carga microbiana, decidindo se é necessária uma identificação adicional e específica com Vitek 2 ou MALDI TOF. Estes instrumentos, como já foi referido, podem discriminar as espécies através da interpretação de reacções enzimáticas ou da dosagem das proteínas mais frequentes solúveis no frasco de investigação. A sensibilidade aos antibióticos também foi efectuada de acordo com métodos publicados.

III. Resultados

a. Dados descritivos

A primeira parte dos resultados descreve o isolamento de *Corynebacteria non diphtheriae* nas instalações de cuidados de saúde da Província de Bolonha (AUSL) e no Hospital Sant'Orsola Malpighi (AOSP) durante um período de dois anos (2013-2014). Como mostrado na tabela, um total de 860 *Corynebacteria non diphtheriae* foram isoladas, 379 de pacientes hospitalizados no AOSP e 481 das instalações da Autoridade de Saúde Local (AUSL). Nos dois anos considerados, foram estudadas 994897 amostras.

	TOTAL BACTERIAL EXAMS	TOTAL POSITIVE FOR CORYNEBACTERIA NONDIPHTERIAE	% ON THE WHOLE
2013 AOSP	150,095	196	0.1
2013 AUSL	338785	245	0.07
2014 AOSP	152414	183	0.1
2014 AUSL	353603	243	0.06
Total	994897	867	0.08

Tabela 1. Número total de casos na AOSP e AUSL, por anos, abrangendo outras estruturas regionais

	AOSP	AUSL	TOTALE
STRIATUM	259	283	542
JEIKEIUM	27	36	63
GLUCURONOLYTICUM	4	2	6
UREALYTICUM	5	12	17
AMYCOLATUM	9	16	25
AFERMENTANS	2	0	2
MUCIFACIENS	0	1	1
PROPINQUUM	0	1	1
SIMULANS	1	2	3
NON ID	76	131	207
totale	383	484	867

Tabela 2. Número total de casos (2013-2014) na Azienda Ospedaliera Universitaria e Azienda Sanitaria Locale , divididos por espécie. Estão incluídos os casos não identificados.

Como mostra a mesma tabela, a grande maioria das *espécies de Corynebacteria* isoladas foi *Corynebacterium striatum* (n° 542), um contaminante ambiental.

A segunda espécie mais prevalente foi a *C.jeikeium,* uma bactéria patogénica observada mais frequentemente em doentes hematológicos.

Nas páginas seguintes, a distribuição das diferentes espécies de corinebactérias não diftéricas isoladas de pacientes hospitalizados no Hospital Sant'Orsola Malpighi é mostrada em mais pormenor (gráficos 1 e 2) e dividida por ano.

Gráfico 1. Distribuição *de Corynebacterium* em Sant'Orsola Malpighi em casos de 2013

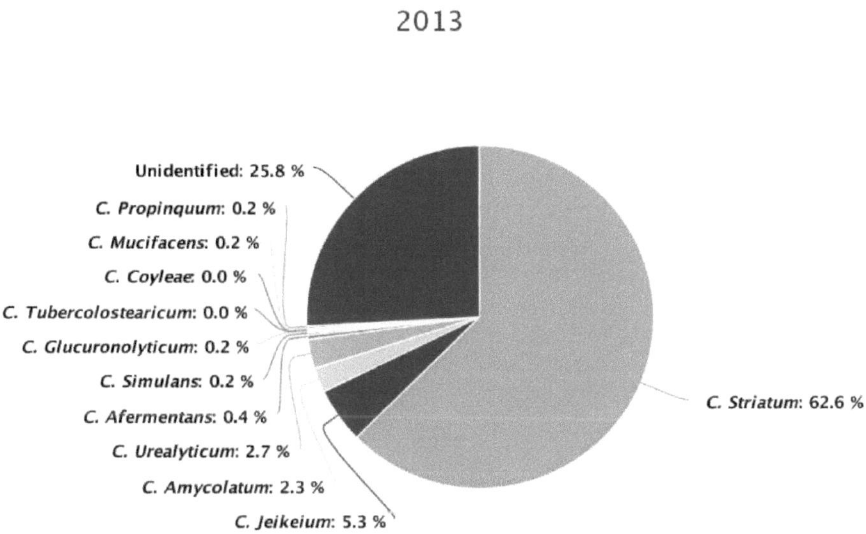

Neste segundo gráfico, verificamos que não há uma diferença real na proporção em relação ao gráfico anterior (2013), mas estão a aparecer algumas espécies novas, como *Corynebacterium coylae* e *Corynebacterium afermentans*. Uma grande parte da população não foi identificada pelo nosso procedimento (16%)

Gráfico 2. Distribuição das espécies de *Corynebacterium* entre os casos do Hospital Sant'Orsola Malpighi em 2014

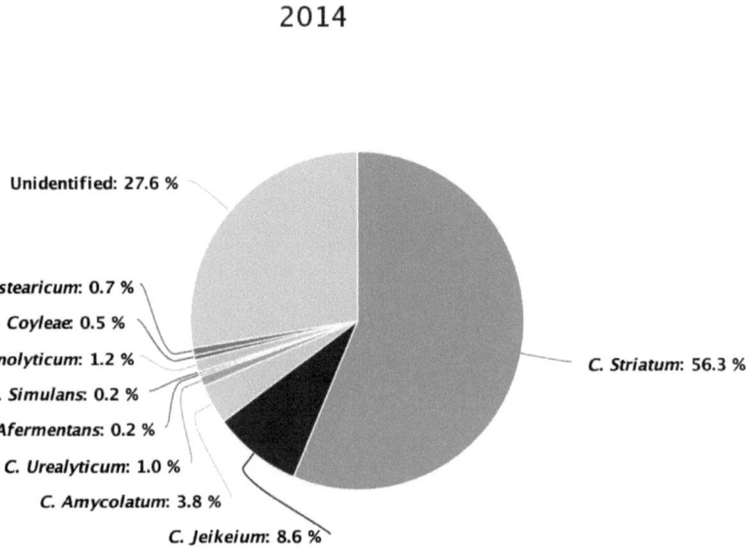

Gráfico 3. Distribuição dos casos nas diferentes clínicas do Hospital Sant'Orsola Malpighi de Bolonha entre 2013-2014

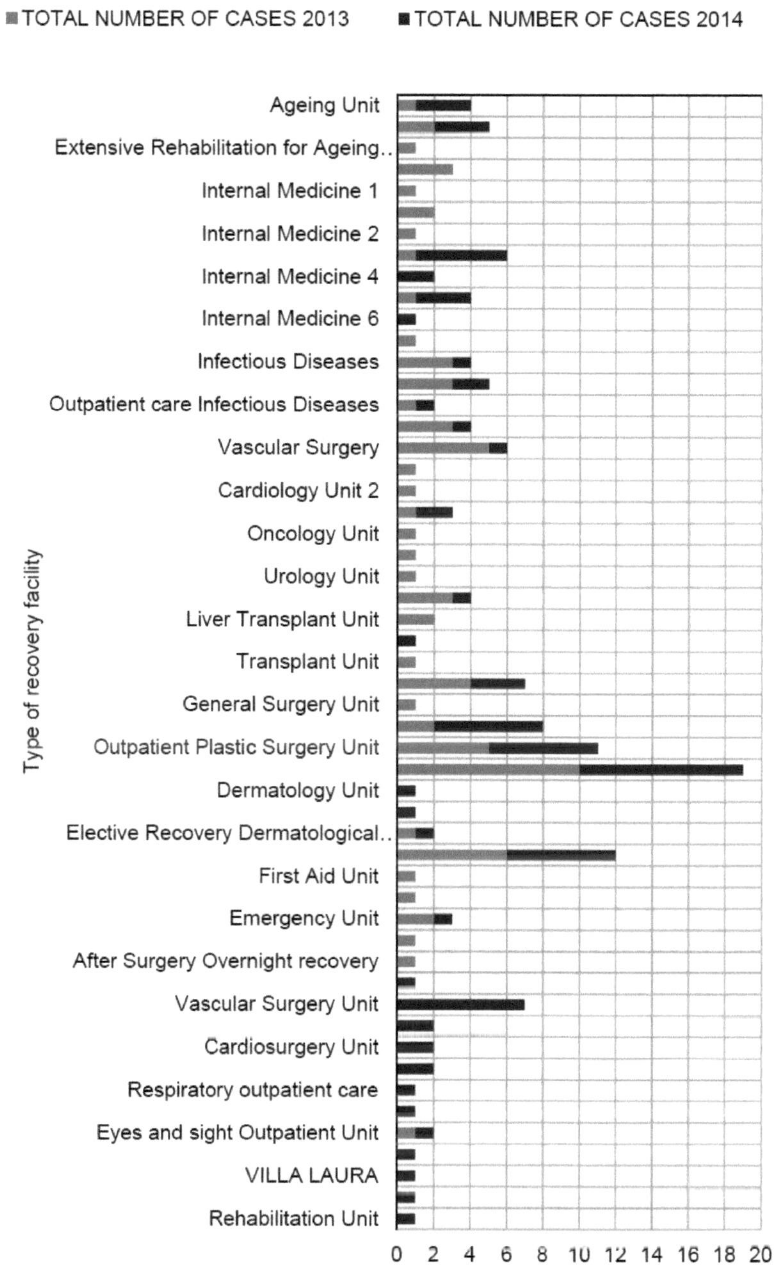

Como se pode ver no gráfico acima, o número de casos é maioritariamente recolhido nas clínicas cirúrgicas, o que leva o Higienista e o Microbiologista a pensar que a maior parte desta infeção se deve a contaminação ambiental ou profissional por dispositivos ou gotas de ar nasofaríngeo. Como na literatura já se investigou algo relacionado com o implante de pacemakers, verifiquei a hipótese prospetiva na nossa amostra. Como tínhamos apenas um caso de portador de pacemaker, pudemos calcular o odds ratio para a probabilidade de ter a infeção quando o dispositivo é implantado.

Tab.2 Tabela 2X2 sobre os casos de Infecções por Corynebacterium em implantes de pacemaker na população total dos dois anos observados. (2013-2014)

	PACEMAKER +	PACEMAKER -
INFECÇÃO CORYNE+	1	444
INFECÇÃO CORYNE -	1317	6140

rácio de probabilidade = a/c / b/d = 0,0007593 / 0,07231 =0,01

Este resultado não é consistente com a outra literatura devido ao viés de seleção de doentes selecionados da área cardiovascular da literatura. Os nossos dados são, como vimos anteriormente, mistos e variados, provenientes de todas as clínicas e cirurgias do hospital.

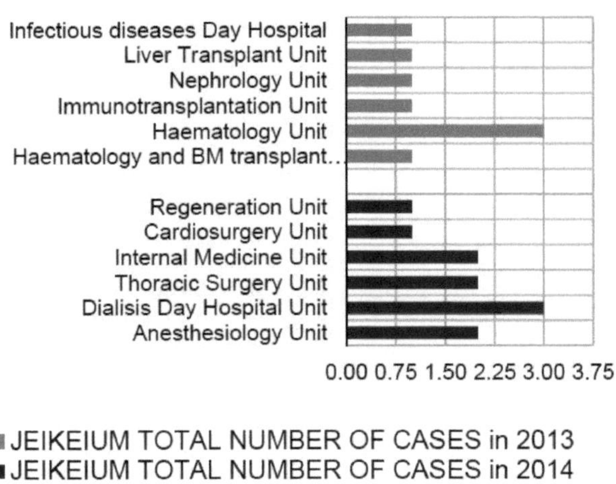

Gráfico 4. Distribuição *de Corynebacterium Jeikeium* em diferentes unidades em Sant'Orsola Malpighi 2013-2014

Acima, mais um pequeno gráfico para mostrar a já conhecida associação da *Corynebacterium jeikeium* e a sua relevante e crescente presença na Unidade de Diálise e na Unidade de Hematologia, como confirmado pela literatura anterior.

b. Tendências mensais

Para certas infecções, a deteção de casos mensais pode ensinar-nos muitas coisas sobre o microrganismo e a sua seroepidemiologia. De facto, os microrganismos preferem geralmente viver em determinados tipos de ecossistemas ou estão estritamente relacionados com hábitos semelhantes aos dos seres humanos em determinadas estações do ano, como é o caso da Legionella na recrudescência da primavera e da Páscoa.

A distribuição mensal dos casos de *C. striatum* e *C. jeikeium* é apresentada nos gráficos 5 e 6, respetivamente.

Gráfico 5. Evolução dos casos de *Corynebacterium Striatum* em 2 anos de observação (2013-2014)

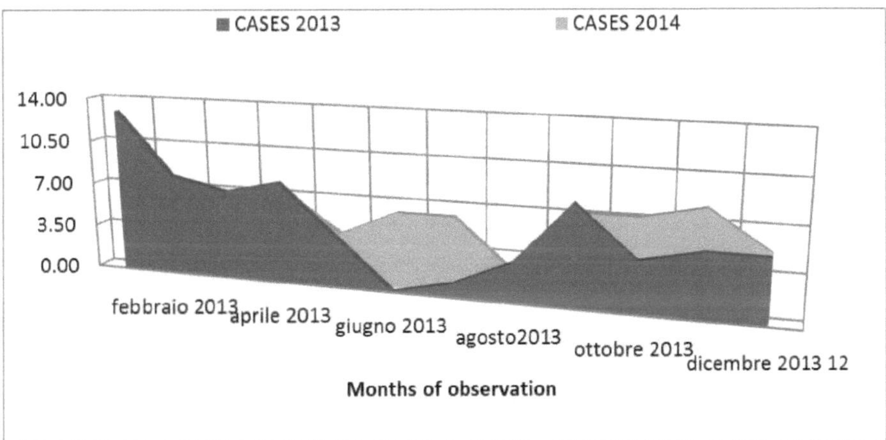

Gráfico 6. Evolução dos casos de *Corynebacterium Jeikeium* em 2 anos de observação (2013-2014)

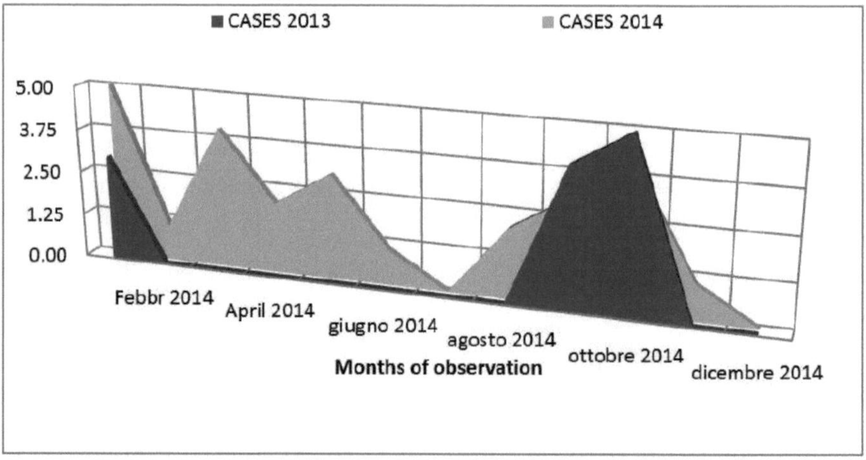

Em 2013, a tendência mostra um perfil de pico, enquanto em 2014 o número médio de casos parece mais constante, com exceção da queda ocorrida em julho de 2014.

c. Cálculo da incidência

A incidência de *Corynebacteria não diftérica* identificada em todas as amostras é de:

$$\text{ICB.inf} = \frac{\text{new cases presented in a year}}{\text{all the population observed in the same period of the year}}$$

$ICB.inf_{allm}$ = 117 / 1.074.231 = 0.0001089151 = 1.089 X 10^4 este é o resultado obtido para 2013. Os dados relativos a 2014 foram recolhidos e calculados da seguinte forma $ICB.inf_{allm14}$ = 125/ 1.114.889 = 0.00011211878 = 1.121 X 10^4

O mesmo cálculo pode ser feito para o denominador de exames de diagnóstico de amostras de sangue, obtendo-se a incidência da infeção em exames positivos com diagnóstico de septicemia.

Aqui os dados são mais relevantes: para os exames de diagnóstico de 2013, os resultados são $ICB.inf_{bi}$ =117 / 6586 = 0,0177= 10,77 x 1000 incidência de *Corynebacterium non diphtheriae* Positivo sobre o total de resultados positivos de exames de sangue.

O cálculo de uma taxa de incidência também numa exposição variável no tempo com base no tempo médio de permanência no hospital para esta infeção, considerando que esta medida epidemiológica nos dá um parâmetro específico de densidade. Isto pressupõe que o efeito da exposição é muito maior quando ela é aplicada e presente ao doente do que quando é silenciosa, como acontece exatamente durante a primeira exposição a um microrganismo.

$$\text{Incidence Rate} = \frac{N^{0}\text{of events}}{\text{time varying exposure in Exposed Population}^{*}}$$

Considerei os dias-pessoa de exposição como o número de casos multiplicado pelo tempo de permanência na sala de recobro do mesmo doente. Utilizei, para aproximar os dias-pessoa de não exposição na mesma população, o nº de doentes presentes na enfermaria à meia-noite e 1 minuto do período considerado, multiplicado pelo tempo médio de permanência nessa Unidade menos a exposição do grupo exposto, previamente calculada.

Uma vez que a exposição varia ao longo do tempo, precisamos de calcular a exposição na população exposta e na não exposta. Por esta razão, estabelecemos que a exposição para a população exposta foi determinada pelo tempo que estiveram no ambulatório e para a não exposta o tempo é o tempo médio de permanência no hospital para cada enfermaria multiplicado pelo número médio de pacientes registados durante a noite.

Este pressuposto leva-nos a obter um resultado, de dimensão diferente do resultado da Incidência Pura:

$$\begin{aligned}&\text{Incidence Rate in 2013}\\&= \frac{n_{e\,exp} + n_{o\,exp}}{(T_{exp\,1} + T_{exp\,2} + T_{exp\,i} \cdots)_{exposed} + (T_{exp\,1} + T_{exp\,2} + T_{exp\,i} \cdots)_{nonexposed}}\\&= \frac{117 + 0}{13933 + (T_{exp\,total - T_{exp\,exposed}})} = \frac{117}{13933 + (-1124)} = \frac{117}{12809} = 0{,}009\\&= 10 \text{ x } 10^{3}\end{aligned}$$

A interpretação deste valor parece difícil, embora numa população de milhões de amostras tenha um papel significativo. A relevância é assumida quando este valor é comparado entre diferentes anos e o total de exames de diagnóstico.

Assim, para 2014, a fórmula mostra:

$$= \frac{125+0}{13933+(T_{exp\,total - T_{exp\,exposed}})} = \frac{125}{13933+4986} = \frac{125}{18919} = 0{,}007 = \text{approx } 7 \text{ x } 10^{3}$$

Comparando 2013 e 2014, a taxa de incidência é de 0,009 e 0,006, respetivamente. Isto sugere que a incidência está a diminuir porque, entre dois anos, o total de exames está a aumentar e o tempo de observação e exposição do doente dentro do hospital está a diminuir de 2013 para 2014. De qualquer forma, há um viés que devo declarar após este cálculo. Quando os dados relativos ao tempo de internamento não foram recuperados nos registos, decidi utilizar o tempo médio de internamento clínico total para o nosso hospital, o que provavelmente subestima o tempo de exposição dos casos expostos, normalmente recuperado entre os casos complicados.

Neste momento, gostaríamos de calcular também o rácio de risco para cada ano, a fim de compreender se a exposição influencia o risco de ter uma doença que exija uma recuperação.

$$IRR(2013\_2014) = \frac{IR2013}{IR2014} = \frac{\frac{117}{12808}}{\frac{125}{18919}} = 2213523/1601000 = 1{,}38$$

Este valor pode sugerir que o risco de contrair uma doença (infecções por corinebactérias não difteriae) que necessite de recuperação em 2014 é inferior em 72% ao de 2013.

Isto ajudar-nos-ia a dizer que não existe um risco comprovadamente mais elevado ao longo dos anos, mas temos de limitar a nossa generalização devido ao número limitado de anos tomados em consideração, apenas os dois últimos anos de comparação.

d. Espécimes positivos para Corynebacterium Tipos de material processado

A prevalência do isolamento de *Corynebacteria* nos diferentes materiais patológicos está representada no gráfico 7. As zaragatoas de úlceras e o sangue são os materiais em que é mais frequente o isolamento *de Corynebacteria.*

Gráfico 7. Prevalência de material *de* espécimes *de Corynebacterium* em dois anos de observação (2013-2014). Foram omitidos no gráfico 3% de amostras mistas devido à pequena dimensão do bolo.

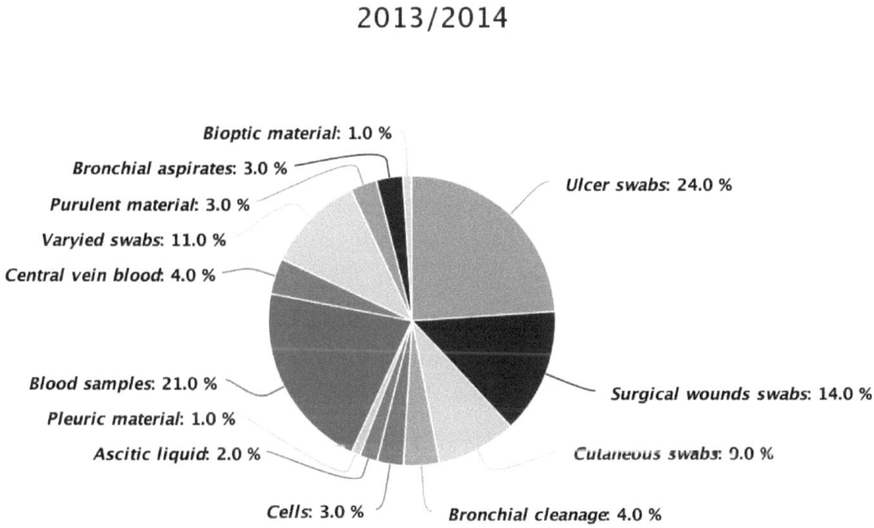

Relativamente às amostras de sangue, os dados foram divididos em 4 grupos, dependendo do tipo de sangue examinado. *O Corynebacterium striatum* (79 casos em 2013 e 84 casos em 2014) é predominante no cateter venoso e no sangue da medula óssea, enquanto no sangue venoso central a espécie predominante é o *Corynebacterium jeikeium.* (75%), causa de septicemia precedente, menos prevalente nas culturas de cateteres venosos e de sangue.

Tabela 3. Distribuição das culturas de sangue e das amostras por microrganismos

Materiais para exames de diagnóstico em Sangue e componentes sanguíneos	**Prevalência na população da província**
Sangue venoso central	JEIKEIUM = 75%
	SPP/ESPÉCIE = 25%
Amostras de sangue	AMICOLATO = 4%
	UREALYTICUM = 1%
	SPP/ESPÉCIE – 60%

	STRIATUM = 27%
	JEIKEIUM = 5%.
	MUCIFACIENS = 1%
	AFERMENTAS = 1
Sangue da medula óssea	STRIATUM=100%
Cateter venoso	JEIKEIUM = 11%
	STRIATUM = 45%
	SPP/ESPÉCIE = 44%

A seroepidemiologia altera-se ligeiramente entre 2013 e 2014. Em 2013, nas amostras de sangue, contabilizámos 25% de espécies não identificadas, o que suscita um novo interesse em estudos de sequenciação e rearranjos internos. No sangue da veia central, portanto aproximadamente todos os casos de infeção sistémica, a maior incidência foi coberta por *Cjeikeium* (75%) vs *striatum* enquanto *Corynebacterium striatum* tem maior cobertura em infecções relativas ao sangue do prado e à extração de sangue do cateter venoso (100%, 45% respetivamente). O número potencial de sangue infetado por *Corynebacterium striatum* é de quase 27% de todos os casos com infecções sistémicas. Foram contados casos interessantes de *C.amycolatum* e *C. urealyticum* (4%) e alguns casos esporádicos de *C.mucifaciens* e *C.afermentans*. Comparamos as doenças incidentais com a ocorrência no nosso hospital em doentes positivos para *Corynebacterium Spp.*

e. Resistências a antibióticos de Corynebacterium documentadas nas nossas amostras retrospectivas

Gráfico 8 Número (N.º) de casos de resistências a medicamentos em toda a população de doentes positivos para Corynebacterium em 2013 no Hospital Sant'Orsola Malpighi. São registados picos mais elevados de resistências para (1) Penicillum, (2) Cotrimoxazol, (3) Cefotaxima.

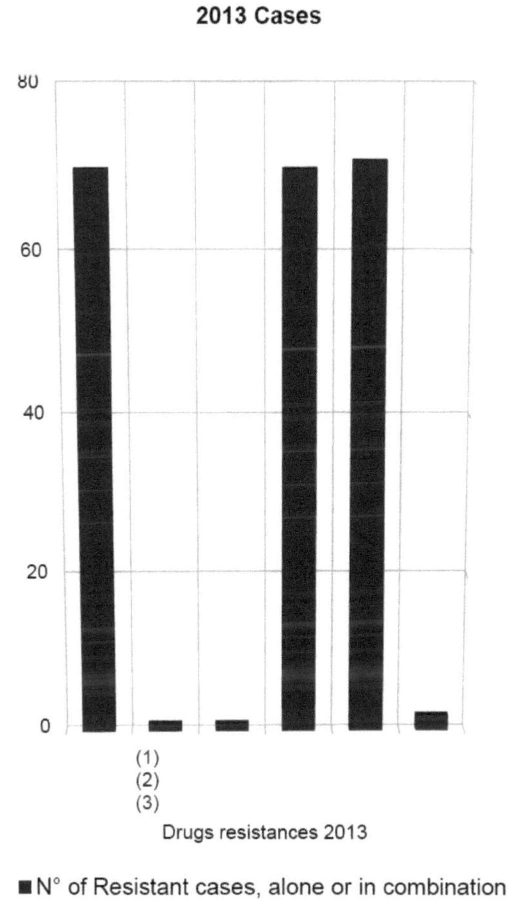

Esta imagem expressa uma situação bem conhecida no âmbito da gestão hospitalar do controlo das doenças infecciosas. A família *Corynebacterium*, tal como muitas outras famílias, está a tornar-se cada vez mais resistente às terapias antibióticas de primeira linha. Não foram registadas resistências ou apenas algumas resistências a antibióticos de segunda (principalmente apenas a cefotaxima tem resistências mais elevadas) e de terceira geração, como a tetraciclina, a vancomicina e a linezolida. Como se pode ver nos documentos EUCAST (ver Fig. 3), estes medicamentos têm também um efeito muito poderoso que influencia positivamente a sua CIM, reduzindo as doses inibidoras duas vezes em comparação com a penicilina e os macrólidos.

Gráfico 9 Número (N.º) de casos de resistência aos medicamentos em toda a população de 2014 de doentes positivos para Corynebacterium no Hospital Sant'Orsola Malpighi. Os picos mais elevados são

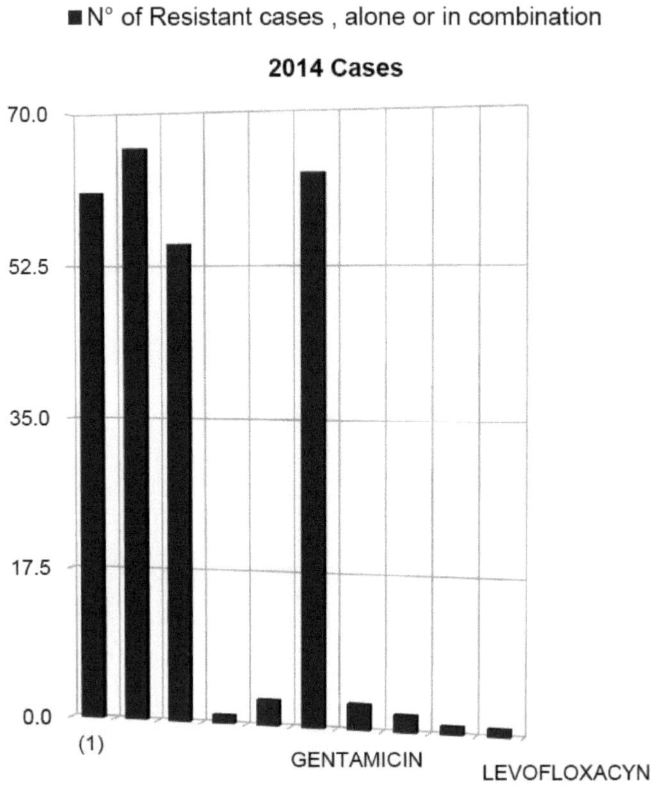

(1) Penicillum, (2) Cotrimoxazol, (3) Cefotaxima e (4) Clindamicina.

A sensibilidade aos antibióticos em 2014 tem uma forma semelhante à detectada em 2013. O cotrimoxazol e os macrólidos estão inseridos no tratamento mais comum das hemoculturas de Corynebacterium. Alguns medicamentos de segunda geração, como a cefotaxima e o cotrimoxazol, estão a apresentar um elevado número de resistências, o que dá a possibilidade de utilizar macrólidos ou vancomicina ou, finalmente, linezolida.

Embora o Penicillum G seja a terapia mais forte conhecida juntamente com a linezolida, a sua utilização ainda não é possível em contexto hospitalar, exceto em casos selecionados.

Normalmente, as terapias devem seguir o esquema de base EUCAST para a CIM e o limiar do ponto de rutura. De qualquer modo, os clínicos estão a utilizar com maior frequência medicamentos de 1ª e 2ª geração, como a piperacilina, a clindamicina, a levofloxacina, o cotrimoxazol e a eritromicina. No que respeita aos medicamentos de terceira geração, o imipenem e a linezolida são os mais escolhidos quando os casos já apresentavam resistência aos antibióticos.

Discutindo as resistências através de uma análise automatizada de rybotyping (Campanile et al, 2009), poderíamos acrescentar também alguns fármacos importantes que são considerados ainda activos para a MDR de Corynebacteria não Diphteriae: glicopeptídeos, linezolida, quinopristina/dalfopristina, daptomicina e tigeciclina.

Definimos como analisar os resultados iniciais sobre a resistência aos medicamentos após o primeiro diagnóstico. Devido à pequena amostra, decidimos colocar na tabela e vê-los progressivamente.

Tab.6 Sensibilidade e adesão à terapêutica das análises dos pontos de rutura da CIM na amostra de doentes apenas positivos para Corynebacterium.

CORINEBACTÉRIA SUBTÍPICES	SENSIBILIDADE MAS SEM ADESÃO À TERAPÊUTICA	SENSIBILIDADE E ADESÃO À TERAPÊUTICA	NENHUMA SENSIBILIDADE DE QUALQUER FORMA UMA TERAPIA FOI ADMINISTRADA
CORINEBACTÉRIA ESTRITUM	1	1	1
CORINEBACTÉRIA JEIKEIUM	0	2	0
CORINEBACTÉRIA ESPÉCIES NÃO IDENTIFICADO	1	1	6
CORINEBACTÉRIA COILA		1	
CORINEBACTÉRIA UREALÍTICO		1	

A maioria dos pacientes (n°6) recebeu uma terapia regular baseada em evidências e baseada no teste de imunodifusão. No entanto, apenas metade da amostra (50%) tem uma terapêutica baseada em testes de resistência aos medicamentos e 5 doentes (>30%) não tiveram nem um teste de sensibilidade prescrito.

Capítulo 3. Conclusões bioestatísticas e epidemiológicas

As nossas análises bioestatísticas não mostram qualquer correlação entre o microrganismo e o diagnóstico, embora haja um resultado parcial interessante num biomarcador, como a glicemia. Esta situação contrafactual é muito difícil de demonstrar porque a possibilidade de fazer um rastreio populacional deste tipo de microrganismo, *Corynebacterium non diphtheriae,* é muito baixa. A sua incidência relativamente baixa em comparação com outras infecções é a razão para não se iniciar uma intervenção de saúde pública, mas talvez um ensaio controlado aleatório não interventivo. O que a investigação necessitaria, além disso, é de um caso de controlo aninhado no estudo de coorte retrospetivo, a fim de compreender a sua possível associação com a doença atualmente. Este estudo foi escolhido para não ser feito imediatamente porque o envolvimento do pessoal ainda era muito baixo e porque deveríamos ter demonstrado primeiro que havia uma emergência de saúde a ser inspeccionada.

Capítulo 4. Conclusões finais

Os trabalhos efectuados suscitaram várias questões.

1) A incidência de *Corynebacteria não Diphteria* está a aumentar no nosso hospital?

Posso definir que estes microrganismos não estão a aumentar em termos de taxa de incidência, considerando pessoas-dias como exposição. Do ponto de vista clínico, uma infeção pode causar consequências graves aos doentes e aos profissionais, se não estiverem protegidos. Os dados a este nível ainda não são úteis devido ao pequeno número de casos "apenas *Corynebacterium não diphtheriae* Positivo" recolhidos e registados.

2) Existe algum contexto clínico em que *as corynebactérias não diftéricas* sejam mais frequentemente encontradas?

As Corynebacteriae non diphtheriae são normalmente encontradas em ambientes cirúrgicos, demonstrando a sua prevalência como contaminantes ambientais oportunistas. As infecções não diftéricas não são normalmente transferidas de doente para doente, o que demonstra a grande importância da desinfeção das superfícies e da esterilização dos dispositivos. A utilização de laser também pode ser um fator importante para reduzir este tipo de infecções ambientais.

3) Existe uma correlação entre a presença de *Corynebacteriae não diftérica* e os sintomas clínicos?

As Corynebacteriae não dípteras têm uma apresentação clínica semelhante à das Diphteriae mas, em alguns casos, quando os sintomas não são tratados, podem ocorrer consequências hemorrágicas. Detectámos alguns casos de hemorragias cerebrais em estirpes resistentes.

4) Em que materiais patológicos podem ser frequentemente isolados?

Todos os materiais podem ser afectados, mas o sangue, as feridas cirúrgicas e as úlceras são as localizações mais frequentes.

5) Adquiriram resistência a múltiplos medicamentos?

As corinebactérias não relacionadas com a *difteria* desenvolveram resistências aos antibióticos de primeira e segunda linha na maioria dos casos (>50%). A vancomicina e a linezolida são atualmente o tratamento alternativo oferecido.

Em conclusão, estas bactérias devem ser consideradas com mais cuidado, principalmente em clínicas cirúrgicas e em doentes com imunidade reduzida e doenças hematológicas.

Anexos:

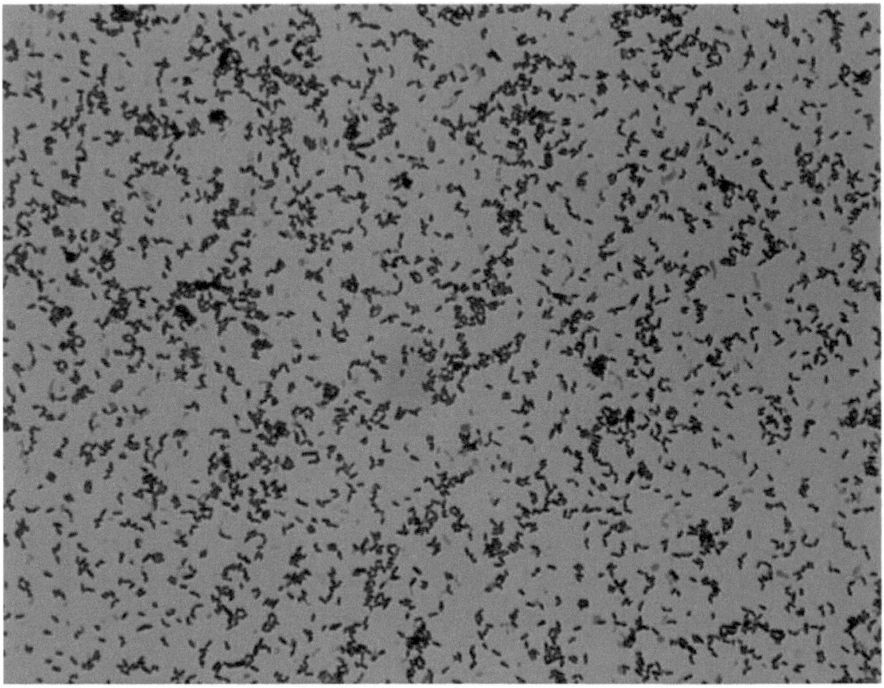

Fig 1. Corynebacterium Striatum, gram positivo, bacilos em padrão hieroglifita, aeróbio-anaeróbio na coloração de Gram

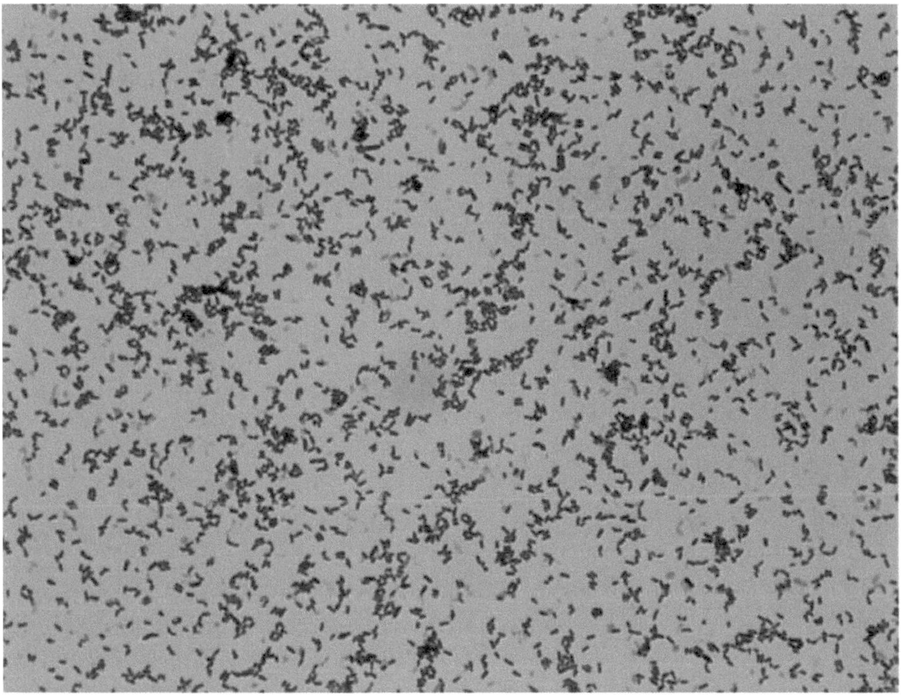

Fig. 2. Corynebacterium Striatum, gram positivo, bacilos em padrão hieroglifita, aeróbio-anaeróbio na coloração de Gram

Corynebacterium spp.
except *Corynebacterium diphtheriae*

EUCAST Clinical Breakpoint Table v. 5.0, valid from 2015-01-01

Disk diffusion (EUCAST standardised disk diffusion method)
Medium: Mueller-Hinton agar + 5% defibrinated horse blood and 20 mg/L β-NAD (MH-F)
Inoculum: McFarland 0.5
Incubation: 5% CO_2, 35±1ºC, 18±2h. Isolates with insufficient growth after 16-20h incubation are reincubated immediately and inhibition zones read after a total of 40-48h incubation.
Reading: Read zone edges as the point showing no growth viewed from the front of the plate with the lid removed and with reflected light.
Quality control: *Streptococcus pneumoniae* ATCC 49619

Penicillins	MIC breakpoint (mg/L)		Disk content (µg)	Zone diameter breakpoint (mm)		Notes Numbers for comments on MIC breakpoints Letters for comments on disk diffusion
	S ≤	R >		S ≥	R <	
Benzylpenicillin	0,125	0,125	1 unit	29	29	

Fluoroquinolones	MIC breakpoint (mg/L)		Disk content (µg)	Zone diameter breakpoint (mm)		Notes Numbers for comments on MIC breakpoints Letters for comments on disk diffusion
	S ≤	R >		S ≥	R <	
Ciprofloxacin	1	1	5	25	25	
Moxifloxacin	0,5	0,5	5	25	25	

Aminoglycosides	MIC breakpoint (mg/L)		Disk content (µg)	Zone diameter breakpoint (mm)		Notes Numbers for comments on MIC breakpoints Letters for comments on disk diffusion
	S ≤	R >		S ≥	R <	
Gentamicin	1	1	10	23	23	

Glycopeptides	MIC breakpoint (mg/L)		Disk content (µg)	Zone diameter breakpoint (mm)		Notes Numbers for comments on MIC breakpoints Letters for comments on disk diffusion
	S ≤	R >		S ≥	R <	
Vancomycin	2	2	5	17	17	

Corynebacterium spp.
except *Corynebacterium diphtheriae*

EUCAST Clinical Breakpoint Table v. 5.0, valid from 2015-01-01

Lincosamides	MIC breakpoint (mg/L)		Disk content (µg)	Zone diameter breakpoint (mm)		Notes Numbers for comments on MIC breakpoints Letters for comments on disk diffusion
	S ≤	R >		S ≥	R <	
Clindamycin	0.5	0.5	2	20	20	

Tetracyclines	MIC breakpoint (mg/L)		Disk content (µg)	Zone diameter breakpoint (mm)		Notes Numbers for comments on MIC breakpoints Letters for comments on disk diffusion
	S ≤	R >		S ≥	R <	
Tetracycline	2	2	30	24	24	

Miscellaneous agents	MIC breakpoint (mg/L)		Disk content (µg)	Zone diameter breakpoint (mm)		Notes Numbers for comments on MIC breakpoints Letters for comments on disk diffusion
	S ≤	R >		S ≥	R <	
Linezolid	2	2	10	25	25	
Rifampicin	0.06	0.5	5	30	25	

Fig. 3. Modelo EUCAST para o ponto de rutura da CIM e o ponto de rutura do diâmetro da zona na medição da resistência aos medicamentos.

VITEK A

Cliente bioMerieux:
N. sistema:

Lab report

Stampato 30-mar-2015 10:36 CEST
Stampato da: labadmin

Nome paziente:
Gruppo di isolati:

ID paziente:

Bionumero: 6360020000001
Organismo selezionato: Corynebacterium pseudodiphtheriticum

Commenti:	

Informazioni sull'identificazione	**Card:**	ANC	**Numero di lotto:**	244324540	**Scade:**	2-nov-2015 12:00 CET
	Completato:	26-mar-2015 21:30 CET	**Stato:**	Finale	**Tempo di analisi:**	6,25 ore
Microrganismo selezionato	Probabilità 97%		**Corynebacterium pseudodiphtheriticum**			
	Bionumero:	6360020000001			**Affidabilità:**	Identificazione eccellente
Microrganismo SRF						
Microrganismi di analisi e test da separare:						
Messaggi di analisi:						
In contraddizione con il tipico profilo/i biochim.						
Corynebacterium pseudodiphtheriticum	PVATE(93),					

Dettagli biochimici																	
4	dGAL	-	5	LeuA	+	6	ELLM	+	7	PheA	+	8	ProA	+	10	PyrA	-
11	dCEL	-	13	TyrA	+	15	APPA	(+)	18	dGLU	-	20	dMNE	-	22	dMAL	-
28	SAC	-	30	ARB	-	33	NAG	-	34	BGLUi	-	36	URE	+	37	BGURi	-
39	BGALi	-	41	AARA	-	42	AGALi	-	43	BMAN	-	44	ARG	-	45	PVATE	-
51	MTE	-	53	ESC	-	54	BdFUC	-	55	BNAGi	-	56	AMANi	-	57	AIFUC	-
59	PHOS	-	60	IARA	-	61	dRIB2	-	62	OPS	-	63	AARAF	-	64	dXYL	-
	GRAM	+		MORPH	-		AERO	?									

Versione di VITEK 2 Systems installata: 05.04
Linea guida interpretazione MIC:
Nome del set di parametri AES:

Linea guida interpretazione terapeutica:
Ultima modifica parametri AES:

Pagina 1 di 1

Fig. 4. Amostra anónima entre as observadas analisadas com ANC Vytek 2: Corynebacterium Pseudodypthericum

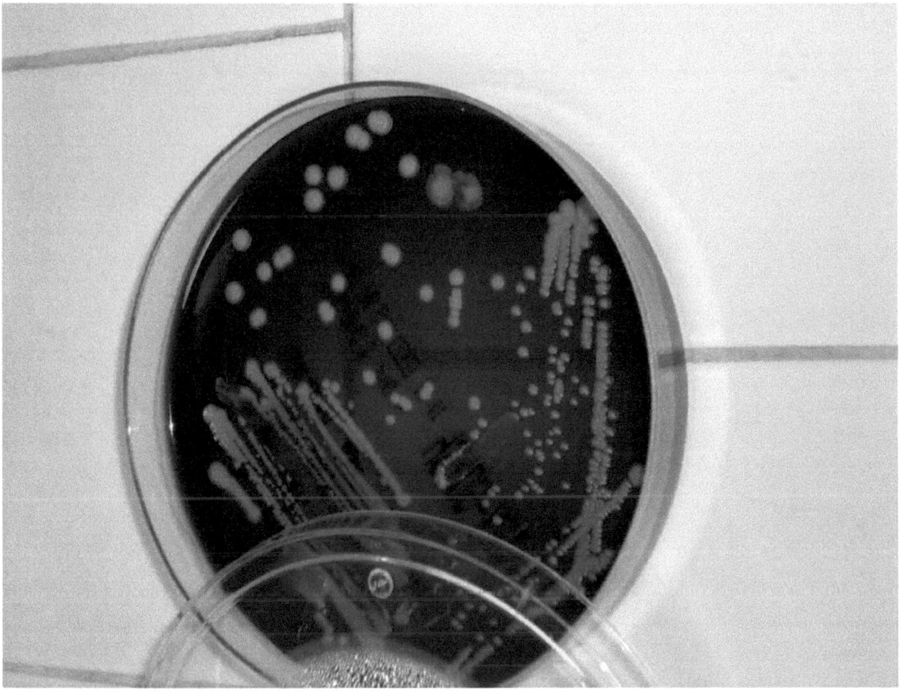

Fig. 5. Culturas de sangue em TrySosh, identificadas como Corynebacterium Striatum

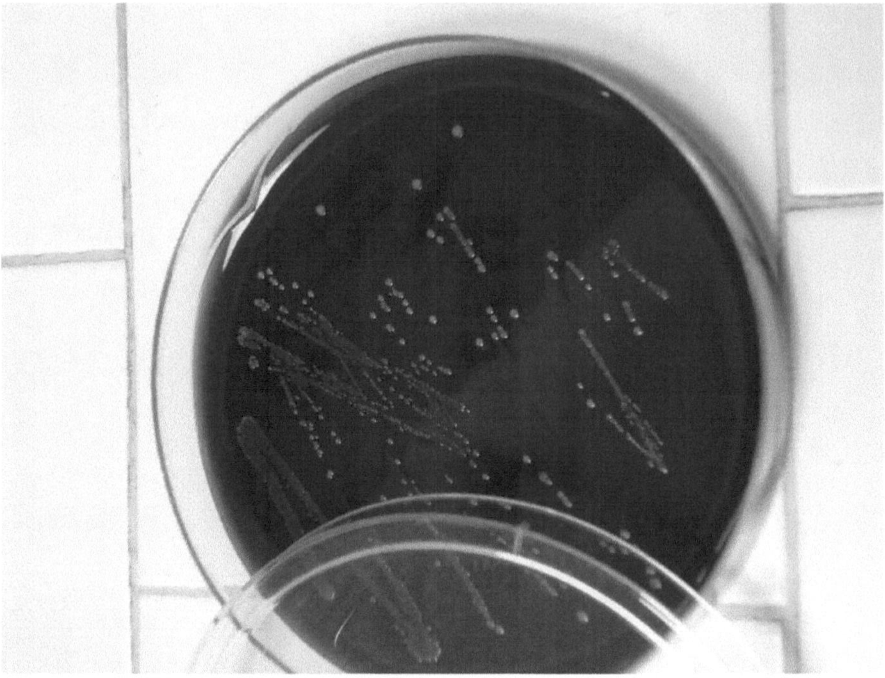

Fig. 6. Culturas de sangue em TrySosh, identificadas como Corynebacterium Urealyticum

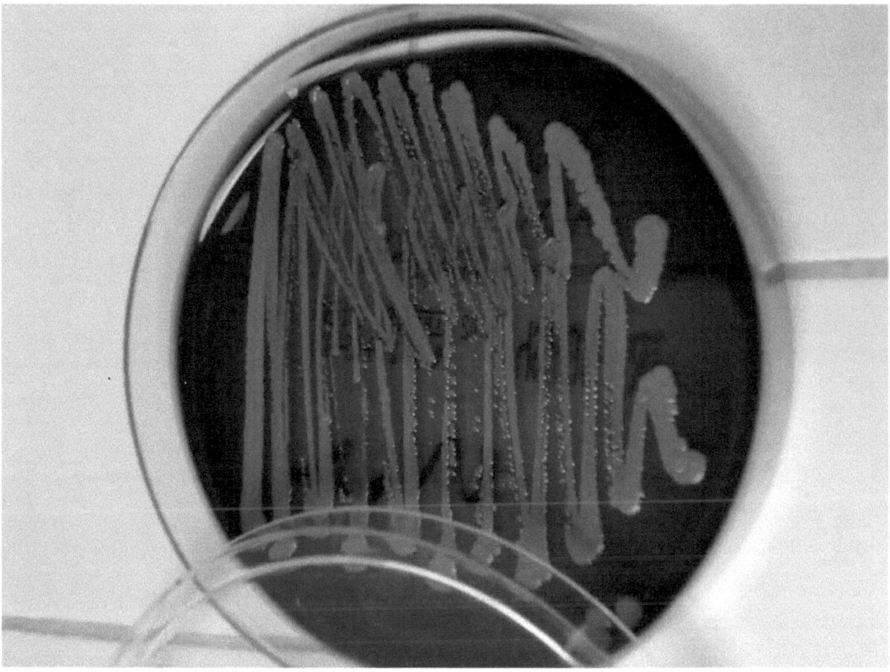

Fig. 7. Culturas de sangue em TrySosh, identificadas como Corynebacterium Striatum

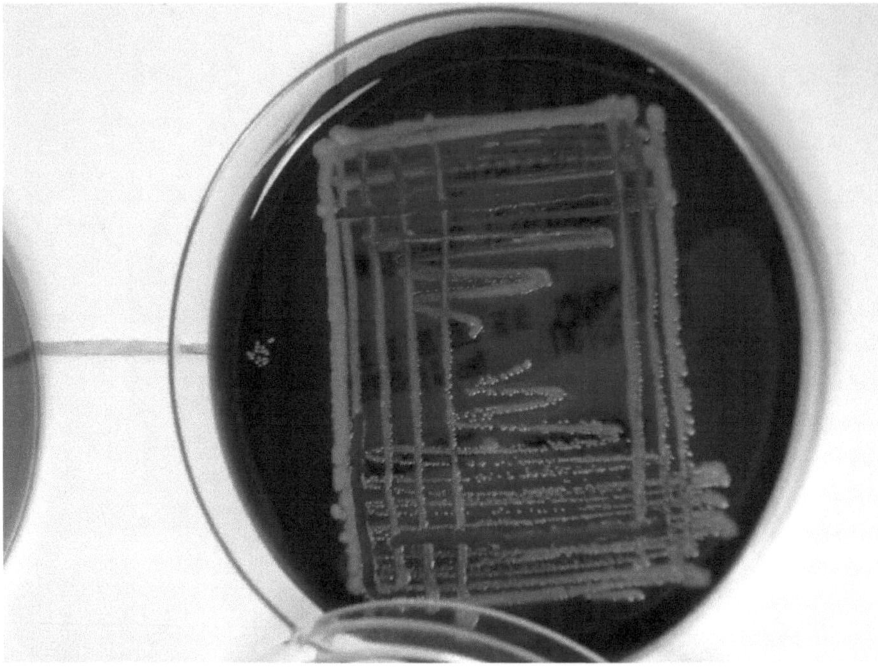

Fig. 8. Culturas de sangue em TrySosh, identificadas como Corynebacterium Pseudodypthericum

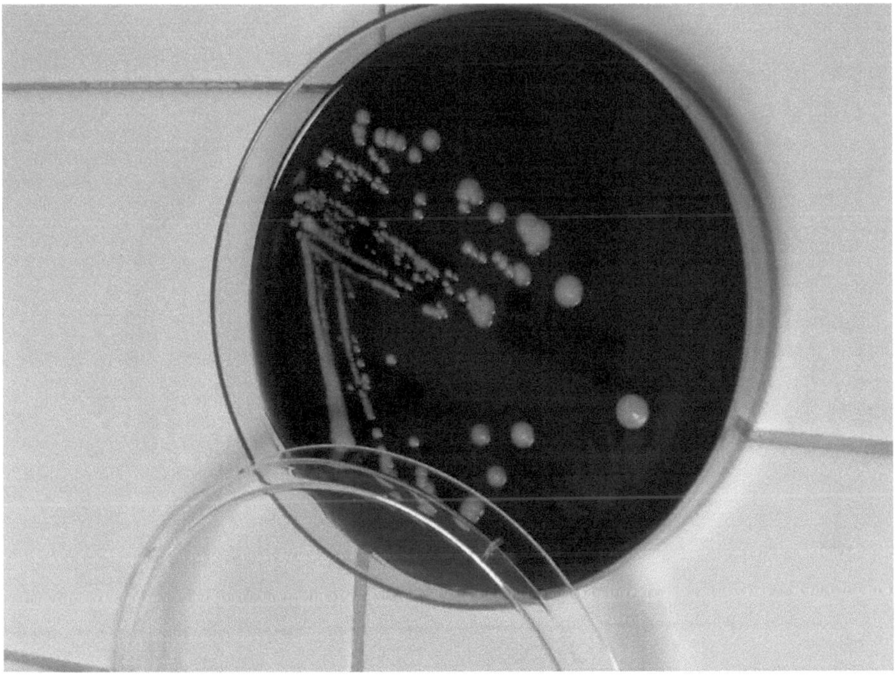

Fig. 9. Culturas de sangue em TrySosh, identificadas como Corynebacterium Striatum

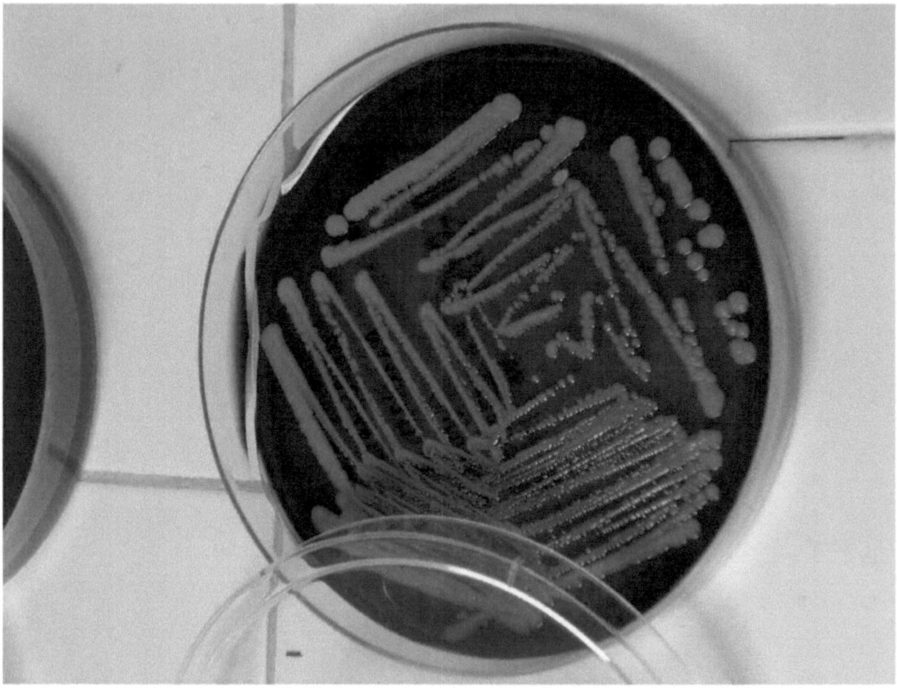

Fig. 10. Culturas de sangue em TrySosh, identificadas como Corynebacterium Minutissimum

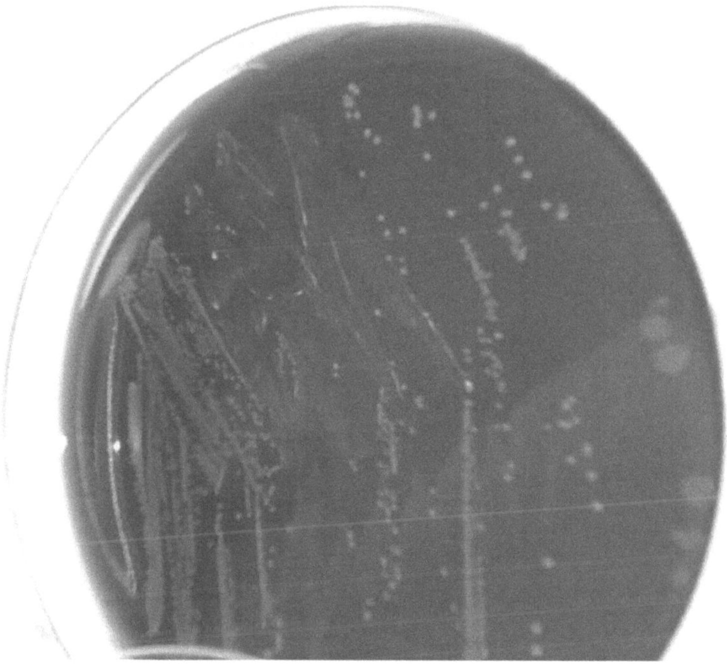

Fig. 11. Culturas de sangue em TrySosh, identificadas como Corynebacterium Jeikeium

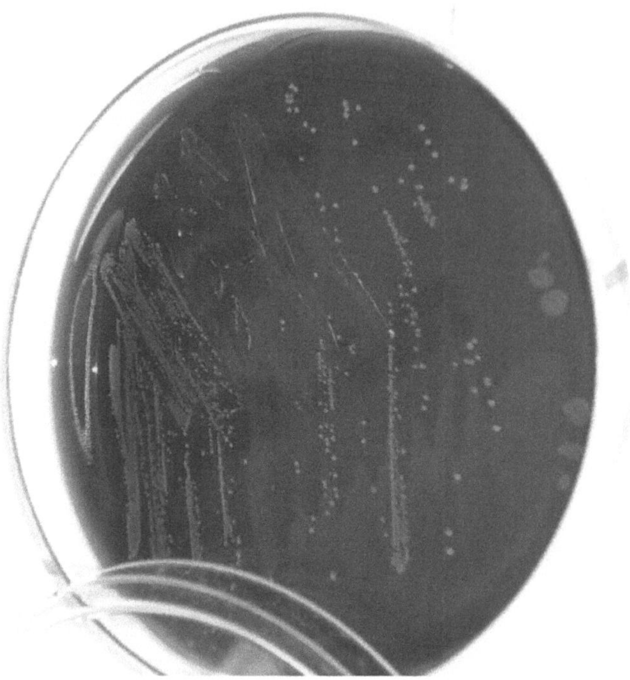

Fig. 12. Culturas de sangue em TrySosh, identificadas como Corynebacterium Jeikeium

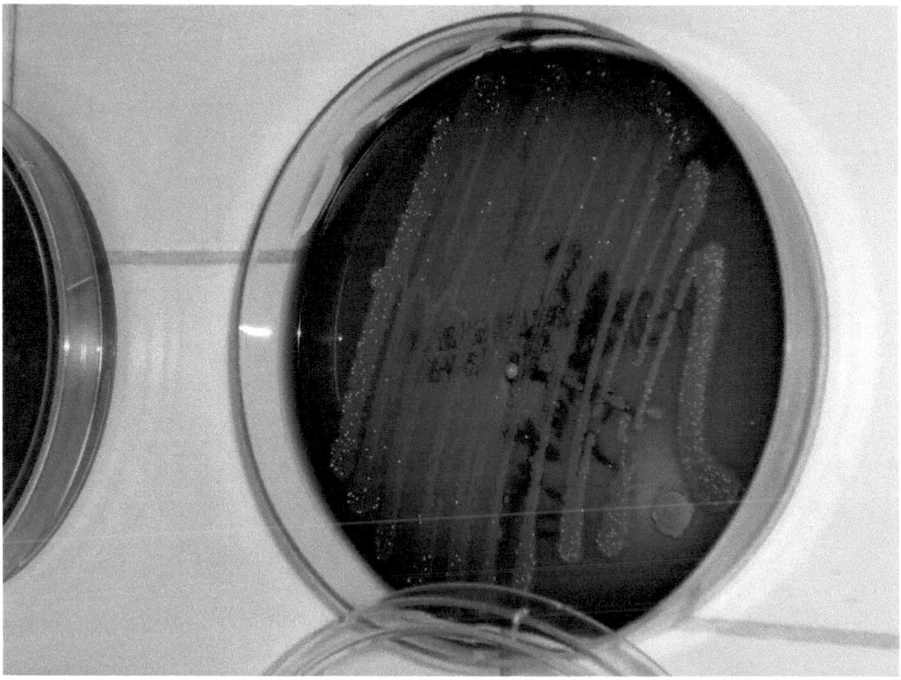

Fig. 13. Culturas de sangue em TrySosh, identificadas como Corynebacterium Striatum

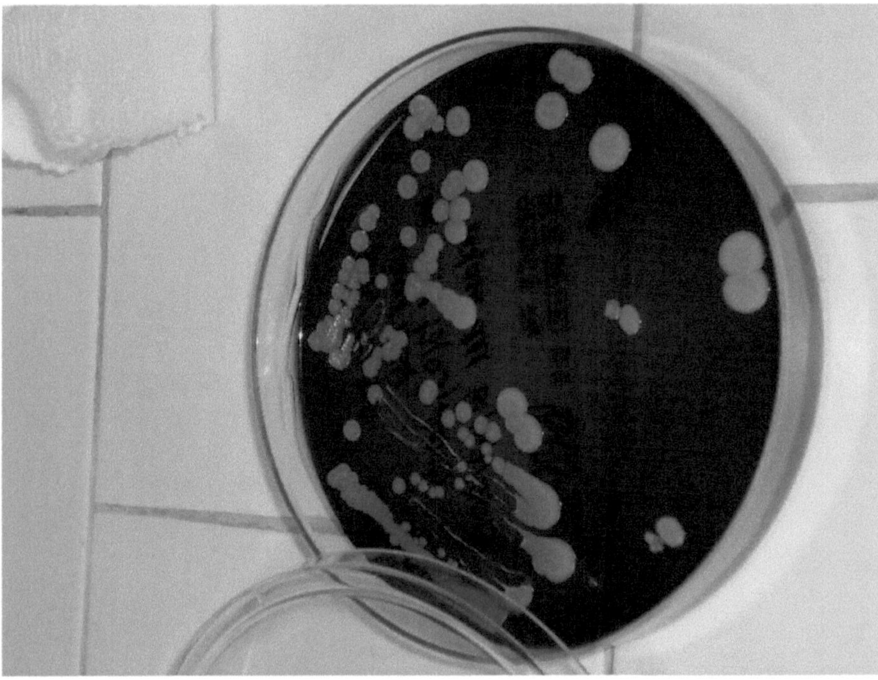

Fig. 14. Culturas de sangue em TrySosh, identificadas como Corynebacterium Striatum

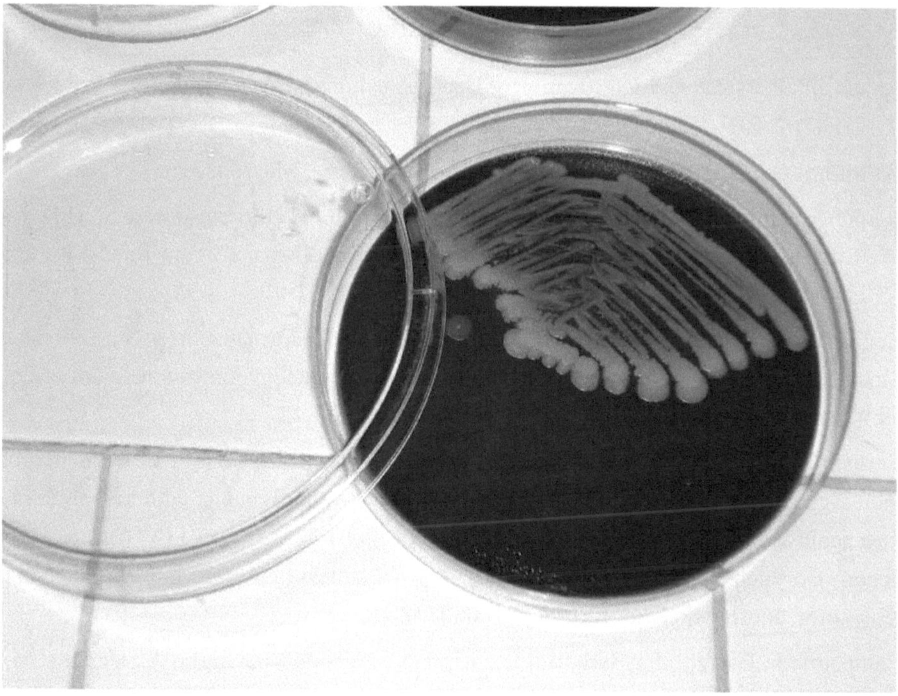

Fig. 15. Culturas de sangue em TrySosh, identificadas como Corynebacterium Striatum

Bibliografia

Anhalt J.P. Fenselau C. Identification of Bacteria using Mass spectrometry. Anal Chem (1975) 47: 2; 219- 225

Bartolozzi G. (2005) Vaccini e vaccinazioni. II edizione. Masson.

Berger A., Huber I., Merbecks SS., Ehrhard I., Konrad R., Hormansdorfer S., Hogardt M., Sing A. Toxigeni Corynebacterium ulcerans na mulher e no gato Emerg Inf Dis (2011) 17: 9; 1767-1769

Berger A., Boschert V., Konrad R., Schmidt-Wieland, Hormansdorfer S., Eddicks e Sinck A. Dois casos de difteria cutânea associados ao contacto ocupacional com suínos na Alemanha. (2013) Zoon and Publ Health 60: 8; 539-542

Bergamini M., Fabrizi P., Pagani S., Grilli A., Severini R., Contini C. Evidence of increased carriage of COrynebacterium spp. In healthy individuals with low antibody titre against diphteria toxoid. Epidemiol Infect (2000) 125: 1; 105-112 Bernard K. O género Corynebacterium e outras bactérias semelhantes a corineformes clinicamente relevantes. Journ Clin Micr (2012) 50: 10; 3152 - 3158

Campanile F.,Carretto E., Barbarini D.,Grigis A., Falcone M., Goglio A., Venditti M., Stefani Stefania Estirpes clonais de corynebacterium striatum multirresistentes, Itália. Emerg Inf Dis 2009 15(1);75-78

Chao C.T., Huang J.W., Yen C.J.. Um agente patogénico raro e pouco reconhecido na peritonite de diálise peritoneal: Corynebacterium jeikeium. Diálise Peritoneal Internacional (2013) 33: 5; 580-585

Chester F.D. (1901) A manual of determinative bacteriology . The Macmillan Co., Nova Iorque.

Coyle M.B., Leonard R.B., Nowowiejski D.J. Pursuit of the Corynebacterium striatum Type strain. International Journal of Systematic Bacteriology (1993) 43: 4; 848851.

Collins M.D.e C.S. Cummins (1986) Género Corynebacterium, Lehmann e Neumann 1986

Dalal A., Likhi R. Bacteremia e meningite por Corynebacterium minutissimum: relato de um caso e revisão da literatura. Jornal de Infecções (2008) 56: 1; 77-79

Fitzgerald RP., Rosser A., Perera DN. Infeção cutânea por C.diphteriae não toxigénica resistente à penicilina: Um relato de caso e revisão da literatura. Jornal de Infeção e Saúde Pública (2015) 8:1; 98-100 .http:ZZdx.doi.org/10.1016Zj.jiph.2014.05.006

Gorbach L.S., Bartlett JG., Blacklow NR.Infectious Diseases. (2003) Terceira

Edição.Lippincott Williams & Wilkins

Khuri-Bulos N., Hamzah Y., Sammerrai S.M. The changing epidemiology of diphteria in Jordan. Boletim da Organização Mundial de Saúde, (1988) 66: 1; 65- 68

Hogg RA, Wessels J., Hart J. Efstratiou A. De zoysa G., Mann G., Allen T., Pritchard G.C. Possível transmissão zoonótica de Corynebacterium ulcerans toxigénico a partir de animais de companhia num caso humano de difteria fatal. Vet . Rec. (2009) 165: 23; 691-692

La Placa M.,Principi di Microbiologia Medica,S.E.Esculapio 2014

Lartigue MF., Monnet X., Le Fleche A., Grimont J., Benet J., Durrbach A., Fabre M.,Nordmann P. Corynebacterium ulcerans in an immunocompromised patient with diphteria and her dog. J Clin Microbiol (2005) 43: 2; 999-1001

Li Y.,Gu B.,Liu G.,Xia W., Fan K.,Mei Y., Huang P., Pan S. Maldi TOF MS versus cartão VITEK 2 ANC para identificação de bactérias anaeróbias. J Thorac Dis (2014) 6: 5; 517-523

Lim SS. Et al A comparative risk assessment of burden of disease and injury attributable to 67 risk factors and risk fator clusters in 21 regions, 1990- 2010: a systematic analysis for the Global burden of disease Study 2010.Lancet (2012) 380: 9859; 2224-60

Lucenko I, Savrasova L, Razina N, Perevoscikovs J, Diphteria na Letónia 2002-2005 em comparação com 9 meses de 2006: Alguns aspectos epidemiológicos abstr A2 2a p41. Programa e resumos da nona reunião internacional do grupo de trabalho laboratorial europeu sobre difteria, ELWGD e rede de vigilância da difteria (DIPNET) Vouliagmeni Grécia

Meera M, Rajaro M. Diphteria in Andhra Pradesh- a clinical -epidemiological study. Revista Internacional de Doenças Infecciosas. (2014) 19: 74-78

Ministero della Salute Italiana :Piano Nazionale Vaccini (2005-2007) www.salute.gov.it/imgs/C_17_pubblicazioni_543_allegato.pdf último acesso em 18/04/2015

Ministero della Salute Italiana : Piano Nazionale Vaccini (2010-2012) www.salute.gov.it/imgs/C_17_pubblicazioni_1383_allegato.pdf

Ministero della Salute Italiana : Piano Nazionale Prevenzione Vaccinale (2012-2014) www.salute.gov.it/imgs/c_17_pubblicazioni_1721_allegato.pdf último acesso em 18/04/2015

Morabia, A (2011) Enigmas da saúde e da doença. Columbia University Press

Murray P.R. What is new in Clinical Microbiology-Microbial identification by MALDI-TOF mass spectrometry. O Jornal de Diagnóstico Molecular. (2012)14: 5; 419-423.

Murray P.R., Rosenthal K.S., Kobayashi G.S., Pfaller M.A. (2007) Ediz.italiana. Palù G., Conventi L., Grossato A., Parolin C.Microbiologia. EDISES.2ed.

Muttaiyah S., Best E.J., Freeman J.T. Corynebacterium diphteriae endocarditis: uma série de casos e revisão da abordagem de tratamento. Jornal Internacional de Doenças Infecciosas (2011) 15: 9; e584-e588.

Ozawa S., Stack M. Public trust and vaccine acceptance-international perspectives .Human Vaccines &Immunotherapeutics (2013) 9: 8; 1 - 5

Renom F., Gomila M., Garau M., Gallegos MdC., Guerrero D., Lalucat J., Soriano JB. Infeção respiratória por Corynebacterium striatum : determinantes epidemiológicos e clínicos. Novo Micróbio e Novo Infecto (2014)2: 4; 106-114

Schuhegger R., Lindermayer M., Kugler R., Heesemann, Busch U., Sing A. Deteção de estirpes toxigénicas de Corynebacterium diphteriae e Corynebacterium ulcerans através de uma nova PCR em tempo real. J.Clin.Microbiol. (2008) 46: 8; 2822. doi:10.1128/JCM.01010-08

Schuhegger R., Schoerner C., Dlugaiczyk J., Lichtenfeld I., Trouillier A., Zeller-Peronnet V., Busch U., Berger A., Kugler R., Hormansdorfer S., Sing A. Pigs as source for toxigenic Corynebacterium ulcerans .Emerg .Infect. Dis. 15: 8; 1314-1315

Severo CB., Guazzelli LS., Barra MB., Hochhegger B., Severo LC. Nódulos polmonares múltiplos causados por Corynebacterium striatum em paciente imunocomponente. Rev.Inst.Med.Trop.São Paulo. 56: 1 ;89-91

Tafuri S., Martinelli D., Germinario C., Prato R. Dai vaccination acts all'adesione consapevole alle vaccinazioni. Ig. Sanità Pubbl.(2011) 67:659-672

Wagner KS. , J.M. White, S.Neal et al Screening for Corynebacterium diphteriae and Corynebacterium ulcerans in patients with upper respiratory tract infections 2007-2008: a multicentre European study. Clin Microbiol Infect (2011)17:4; 519-525

VonBesser L. Uber die bakterien der normalen Luftwege. Beitr. Pathol. Anat. Allg. Pathol. (1889) 6;331-372.

Fontes da OMS . www.who.int/mediacentre/factsheets/fs378/en/ último acesso

Zasada AA. Clone não-toxigénico altamente patogénico de Corynebacterium diphteriae, Polónia, 2004-2012 .Emerg Inf Dis (2013)19:11; 1870-1872.

MIX
Papier aus verantwortungsvollen Quellen
Paper from responsible sources
FSC® C105338

Printed by Books on Demand GmbH, Norderstedt / Germany